四季的天蓝色来信

[日]长岛广美/著　童欣/译

青岛出版集团｜青岛出版社

打开信箱,
小雪看到里面有一封信,
信封是天蓝色的,
信纸也是天蓝色的。

沙沙,沙沙……
微风中夹着一丝熟悉的味道——

是干爽的沙子的气息。
有点甜,很好闻。

小雪开心地跑回屋里。

"爸爸,春天要来了!"

柔和的风钻进衣服,
把衣服微微吹起,舒服极了!
迎着太阳,闭上眼睛,
感觉身体一点一点地温暖了起来。

在淡淡的雾霭中,
小雪心想:
原来,这就是春天啊!

一天早上,
小雪揉着眼睛刚起床,
就听到爸爸说:
"有你的一封信哟。"

天蓝色的信封,
和上次那封信一样。

"这次来的是夏天……"
小雪急忙打开窗户。

天空、大山、空气都呈现淡淡的蓝色,
像蓝色颜料被稀释了一样。
空气中有沙子、花朵和水的味道,
好像还混杂着爸爸的汗味。

在一个闷热得难以入睡的夜晚,
轰隆隆——
窗外传来一阵阵雷声。

"秋天怎么还不来啊!"
爸爸翻了个身,
闭上眼睛睡去了。

天亮了。

小雪打开信箱,又有一封天蓝色的信。

信封被雨打湿了,紧贴在箱底。

"终于来了。"

天上一丝云彩也没有。
天空看起来比平时高很多。

"这就是秋天吗?"
小雪深深地吸了一口气,
不知为什么,心里有点空空的。

"我要写一封回信。"
小雪从爸爸书桌的抽屉里找到了天蓝色的信纸。
"就是这个!"

之后，天气一天比一天冷了起来。

空气好像都安静了下来。

风冷冷的,
吹得脸颊、耳朵、眼睛有一点疼。

一年马上就要过去了。

虽然夏天没有回来，
但是，天蓝色的信又来了。